www.ingramcontent.com/pod-product-compliance
Lightning Source LLC
Chambersburg PA
CBHW071035240526
45469CB00006BD/2214
9781729421475